AF465591

MÉMOIRE

SUR

LES TERRAINS STRATIFIÉS

DES ALPES LOMBARDES,

PAR M. DE COLLEGNO.

(Extrait du Bulletin de la Société géologique de France.)

Lorsqu'on passe de la Suisse en Italie par l'un des cols situés entre le Simplon et le Splughen, on trouve généralement assez près de l'axe de la chaîne des Alpes des lambeaux de roches sédimentaires qui paraissent enclavés en stratification concordante au milieu des terrains de cristallisation. Les Bélemnites que l'on trouve sur les Nufenen, sur le Lucmanier, etc., semblent prouver que ces lambeaux appartiennent à la période jurassique, et par suite on a conclu que les schistes micacés ou talqueux, les gneiss même associés aux couches à Bélemnites, sont également des roches sédimentaires jurassiques qui ont pris la texture cristalline par suite de ce que l'on nomme aujourd'hui des actions métamorphiques. On peut voir dans la carte géologique de la France qu'une zone puissante de terrain jurassique modifié s'étend à l'E. de Sion (en Valais) parallèlement à la chaîne principale des Alpes, et les divers Mémoires de M. Sismonda sur les Alpes du Piémont (1) prouvent que les modifications des roches jurassiques ont atteint leur plus haut degré dans cette partie de la chaîne.

Au S. des roches métamorphiques, on trouve des granites le

(1) *Mémoires de l'Académie des sciences de Turin*, de 1835 à 1843.

plus souvent porphyroïdes (Saint-Gothard, Splughen), puis des gneiss que l'on regarde comme primitifs et qui contiennent sur plusieurs points des masses subordonnées de calcaire saccharoïde (Gandoglia, Musso, etc.). J'ai visité récemment les deux gisements de calcaire saccharoïde indiqués par M. de La Bèche à la partie septentrionale du lac de Como, et dans les deux localités le calcaire m'a paru offrir encore quelques traces de son origine sédimentaire. Ainsi, à Olgiasca (1), les anciennes carrières présentent aujourd'hui une excavation profonde entre deux parois d'un gneiss à mica noir, passant au micaschiste; le sol de ces carrières est formé par la tranche d'une assise calcaire de 8 mètres d'épaisseur intercalée dans le gneiss en stratification parfaitement concordante. La direction des couches est presque exactement de l'E. à l'O. (2), et le plongement vers le S. de 60° à 70°. Au contact du gneiss le calcaire contient une grande quantité de lamelles de mica; ce n'est qu'à 5 ou 6 décimètres de la surface de contact que le calcaire est pur: la texture en est plus ou moins fine; la couleur est tantôt parfaitement blanche, tantôt un peu bleuâtre; dans ce dernier cas, la roche donne par le choc une odeur bitumineuse. Le prolongement vers l'O. de l'assise calcaire rencontre le lac près d'une maison qu'on appelle la Malpensata (3); on voit là, au contact du gneiss, du côté du N., 3 mètres d'un calcaire saccharoïde à gros grains, puis 2 à 3 mètres d'un gneiss très schisteux, puis encore 3 mètres d'un calcaire micacé à très gros grains; au-dessus on trouve un lit assez mince d'une roche qu'on pourrait appeler, soit un grès feldspathique semi-cristallin, soit un gneiss à texture un peu arénacée; puis 1 mètre de calcaire micacé, et enfin le micaschiste et le gneiss qui se continuent vers le S. jusqu'à Bellano.

Le prolongement du calcaire d'Olgiasca rencontrerait à la rive opposée du lac de Como une crête calcaire dirigée également de l'E. à l'O., qui supporte les ruines du château de Musso, en fai-

(1) Je me suis servi dans mes courses des feuilles B 3 et B 4 de la grande carte du royaume Lombard-Vénitien, publiée il y a quelques années par le gouvernement; et c'est à ces feuilles que se rapportent les noms de localités cités dans ces notes; on peut consulter aussi la carte géologique du lac de Como, publiée par M. de La Bèche dans ses *Coupes et vues géologiques*, et celle des pays compris entre les lacs d'Orta et de Lugano, par M. de Buch, dans les *Annales des sciences naturelles*, tome XVIII.

(2) Toutes les directions indiquées dans ces notes se rapportent au méridien terrestre.

(3) *Voyez* la pl. II, fig. 1.

sant une saillie de près de 200 mètres au-dessus du lac. Le contact du calcaire avec le gneiss est caché entre Dongo et Musso par les fragments calcaires éboulés des hauteurs ; quelques uns de ces fragments présentent une texture saccharoïde, d'autres sont compactes et bleuâtres comme les calcaires de la partie méridionale du lac : auprès d'une chapelle située à mi-hauteur de l'escarpement calcaire la roche devient dolomitique ; au S. de cette chapelle le calcaire présente, près du contact avec le gneiss, des aiguilles d'amphibole ; les premières assises du gneiss sont très riches en mica, et elles se désagrègent facilement en un sable micacé très brillant : mais ce qui donne le plus grand intérêt à la localité dont il s'agit ici, c'est que M. Curioni y a trouvé dans la dolomie des traces de coquilles bivalves, dont quelques unes assez bien conservées pour qu'il ait reconnu une lutraire qu'il croit être la *L. jurassi*, Al. Brong. (1). Je n'ai point trouvé moi-même de fossiles à Musso, mais tout ce que j'y ai vu me porte à penser, comme le fait M. Curioni, que le calcaire saccharoïde de cette localité résulte d'une modification des calcaires jurassiques que l'on voit au bord du lac à quelque distance vers le S. ; dès lors il est probable qu'une partie au moins des gneiss considérés comme primitifs, ont eux-mêmes une origine métamorphique, puisqu'il est difficile de ne pas les croire contemporains des calcaires qui leur sont associés. En tout cas, il me paraît évident que c'est à la formation jurassique qu'il faut rapporter les plus anciennes des couches non modifiées que l'on trouve à la partie supérieure des gneiss et des micaschistes de la Lombardie.

D'après ce que j'ai pu voir dans les trois étés que j'ai passé dans cette contrée, les terrains de sédiment y appartiennent à trois périodes géologiques distinctes, savoir : à la formation jurassique, aux formations crétacées, et à la plus récente des formations tertiaires, celle qui a reçu de M. Lyell le nom de pliocène. Je vais indiquer successivement les principaux caractères des terrains de ces diverses formations.

Terrain jurassique.

Le terrain jurassique des Alpes lombardes peut être partagé en cinq groupes qui sont, en allant de bas en haut : 1° un grès rouge passant souvent à un poudingue (quelquefois à une brèche) de

(1) *Voyez* la description du calcaire de Musso, par M. Curioni, dans le recueil italien intitulé *Il Politecnico*, tome II, p. 104.

même couleur ; 2° un calcaire noir, bitumineux, plus ou moins schisteux ; 3° un calcaire gris de fumée avec silex ; 4° un calcaire marneux rouge de brique ; 5° un calcaire blanc, compacte, à cassure souvent conchoïde (*majolica, scaglia bianca, biancone* des géologues italiens).

Le grès rouge consiste en une pâte arénacée, d'une texture plus ou moins fine, d'une couleur rouge-brunâtre, contenant des cailloux de quarz, de gneiss, de granite et de porphyre rouge (je n'y ai jamais trouvé de cailloux de mélaphyre) ; lorsque les cailloux acquièrent un certain volume, la roche passe à un poudingue qui conserve d'ailleurs tous les caractères de couleur et de composition que présente le grès. Sur quelques points voisins des roches cristallines stratifiées, le grès rouge prend une texture semi-cristalline et présente un aspect porphyroïde ; mais on y découvre toujours quelques galets qui ne laissent aucun doute sur son origine sédimentaire. L'épaisseur du grès rouge est très variable ; elle n'est que de quelques dizaines de mètres dans les galeries de Varenna, tandis qu'elle est de plus de 300 mètres à Introbbio, dans la Val Sasina.

Le calcaire noir est souvent très compacte ; il est alors susceptible de poli et fournit le marbre noir connu dans le pays sous le nom de *marmo di Varenna* ; les couches ont quelquefois plus d'un mètre d'épaisseur ; ailleurs cependant le calcaire noir se partage naturellement en dalles de quelques centimètres, et fournit des ardoises grossières (Moltrasio) ; quelquefois les feuillets sont aussi minces que ceux des ardoises d'Angers et des Ardennes (Perledo) ; mais comme la roche est alors fortement argileuse, ces ardoises ne résistent pas assez aux actions atmosphériques pour qu'on puisse les employer avec avantage. Le calcaire noir donne presque toujours une forte odeur bitumineuse par le choc du marteau ; quelquefois cette odeur est sensible en approchant des carrières (Argegno) ; ailleurs les couches calcaires sont séparées par des lits minces d'un grès schisteux imprégné de bitume (Besano). Sur quelques points, la surface des couches est enduite d'une poussière anthraciteuse noire (Olcio) ; quelquefois aussi on distingue entre les couches calcaires des veines très minces d'un combustible luisant, compacte, qui présente assez l'aspect du jayet (Moltrasio).

Les fentes produites dans le calcaire noir par les diverses dislocations qu'il a eues à subir postérieurement à son dépôt, ont quelquefois été remplies par un calcaire spathique blanc (Varenna) ; lorsque les fissures sont assez rapprochées pour amener une sorte de schistosité dans la roche, et que les veines spathiques sont très minces, il arrive quelquefois que les surfaces qui ont été longtemps exposées à l'air présentent des stries en creux correspondant aux veines spathiques, qui auraient été attaquées plus facilement que le calcaire un peu argileux qui forme la masse de la roche ; il en résulte alors des *surfaces striées* qui reproduisent tous les accidents attribués exclusivement au frottement des glaciers par MM. Agassiz et de Charpentier. J'ai vu surtout, auprès de San Giovanni di Bellagio, *une surface striée* qui pourrait avoir fourni tous les échantillons figurés par M. Agassiz dans la pl. XVIII de ses *Études sur les glaciers* (1).

Le calcaire noir a été converti souvent en une dolomie plus ou moins cristalline (promontoire de Bellagio, montagne de Menaggio, etc.), ou en gypse (Nobiallo, Limonta), et l'on peut suivre assez souvent le passage graduel du carbonate de chaux au carbonate double ou au sulfate.

Il est difficile de juger quelle peut être l'épaisseur totale du calcaire noir, car je ne connais aucune localité où l'on voie à la fois le grès rouge qui lui est inférieur, et le calcaire gris de fumée qui le recouvre. A Varenna, cette épaisseur *paraît* dépasser 1,000 mètres; mais il y a là des failles qui augmentent de beaucoup l'épaisseur apparente du calcaire noir.

Le calcaire gris de fumée est plus constant dans ses caractères que ne l'est le calcaire noir sur lequel il repose : la couleur en est peu variable, si ce n'est dans les parties qui ont été longtemps exposées à l'air et qui ont pris quelquefois une couleur blanche très prononcée (Monte San Primo) ; l'épaisseur des couches varie de 3 à 6 décimètres; elles sont séparées quelquefois par des lits minces d'une marne arénacée grise (Tavernerio). Le calcaire gris de fumée contient presque toujours des lits de silex, d'une couleur un

---

(1) La *surface striée* dont il s'agit ici se trouve dans le lit d'un torrent que l'on rencontre à cinq minutes de l'église de San Giovanni di Bellagio, sur le chemin qui conduit à Vergonese ; il faut remonter le lit de ce torrent pendant cinq minutes à partir du chemin, et on arrive alors à un point où la rive droite est formée par huit ou dix couches superposées, qui débordent l'une au-dessous de l'autre comme les marches d'un escalier. La surface de la couche plus élevée est striée en totalité, et on voit des stries aussi sur la tête de chacune des couches inférieures : on peut même constater que les stries se continuent à quelque distance dans les plans de contact de deux couches. Il est d'ailleurs assez facile de détacher des échantillons présentant sur un côté des stries bien prononcées, et sur les autres des veines très minces, qui correspondent à ces stries.

peu plus foncée, qui semblent se fondre dans la pâte de la roche (cherts). Autant que j'ai pu en juger, l'épaisseur totale du calcaire gris de fumée est beaucoup moindre que celle du calcaire noir; elle n'atteint guère que 200 mètres (entre le calcaire noir de Crevenna et le calcaire rouge du Buco del Piombo).

L'épaisseur du calcaire marneux rouge de brique est bien moins considérable encore que celle du calcaire gris, car elle ne dépasse jamais 50 mètres; la couleur de la roche est très uniforme; les couches, très régulières, ont de 10 à 15 centimètres d'épaisseur, et lorsqu'elles sont horizontales, on peut prendre les escarpements qui en sont formés pour des pans de murailles à demi ruinées. L'uniformité du calcaire rouge est surtout remarquable à sa partie inférieure; il est alors un peu moins solide que dans les couches supérieures, qui contiennent des lits de silex presque aussi réguliers et aussi épais que le calcaire lui-même, duquel ils se distinguent pourtant par une couleur plus foncée. Lorsqu'un même escarpement met à nu toute l'épaisseur du calcaire rouge, il arrive quelquefois que les couches marneuses inférieures ont été entamées par les actions atmosphériques, tandis que les couches supérieures sont restées en surplomb; ailleurs la destruction des couches inférieures paraît avoir occasionné la chute de lambeaux considérables des parties plus solides (vallon de San Miro, à l'E. de Canzo).

Le calcaire qui forme la partie supérieure de la formation jurassique, sur le revers méridional des Alpes, est connu depuis longtemps des géologues sous le nom italien de *majolica* : c'est un calcaire blanc, compacte, à cassure conchoïde, présentant souvent des druses très aplaties de carbonate de chaux cristallisé; souvent aussi la roche est traversée par des veines noirâtres très minces et très découpées, qui la rapprochent de la variété connue sous le nom de *calcaire ruiniforme*. Les silex sont très fréquents dans toute l'épaisseur de la majolica, qui est de 50 à 60 mètres. La blancheur éclatante de ce calcaire le fait généralement remarquer de fort loin : ainsi, depuis les hauteurs de Lipomo, au S.-E. de Como, on voit se dessiner sur la dernière pente des Alpes tous les tournants de la route qui monte à Ponzate, route dont les berges sont coupées dans la majolica.

J'ai dit plus haut que le calcaire jurassique noir était souvent converti en dolomie; la même modification a eu lieu également sur quelques points des autres calcaires de cette formation : ainsi les dolomies du Monte San Primo et du Monte Beuscer appartiennent en partie au calcaire gris de fumée : M. de Buch a signalé depuis longtemps la dolomie de Casa rasa provenant du calcaire rouge, et celle de la Madonna del Monte de Varese, qui est due à une modification de la majolica (1).

Les caractères des diverses subdivisions du terrain jurassique sont tout-à-fait distincts, lorsque l'on compare des échantillons pris vers le milieu de chaque groupe; mais lorsqu'on étudie sur place les relations de ces groupes, on voit qu'il y a constamment passage graduel d'une des assises à celle qui lui est superposée; de sorte qu'on est forcé d'admettre que le calcaire blanc à cassure conchoïde appartient bien réellement au même ensemble de couches, à la même formation géologique que le calcaire noir et que le grès rouge. Je vais essayer de démontrer cette identité de formation des cinq groupes que j'ai distingués dans l'étage jurassique, mais je dois faire observer d'abord que les géologues italiens sont loin de partager cette manière de voir. M. Pasini, qui s'occupe depuis plusieurs années à tracer une carte géologique de l'Italie septentrionale, croit que le grès rouge du lac de Como représente *tous les grès secondaires :* ces grès seraient beaucoup mieux développés vers l'E. dans les Alpes vénitiennes, où l'on retrouverait successivement le grès houiller, le grès rouge du zechstein et le grès bigarré. « Cependant, ajoute M. Pasini, on ne saurait » affirmer que ces anciens dépôts soient identiques avec leurs » analogues de l'Allemagne et des autres localités de l'Europe (2). » La majolica est considérée par M. Pasini comme représentant la craie blanche, « et comme il y a une liaison intime entre la ma» jolica et le calcaire rouge, » ce calcaire représenterait la partie inférieure de la formation crétacée (3). M. Catullo retrouve également dans les Alpes vénitiennes toute la série des terrains secondaires depuis le *rothe todte liegende* des Allemands jusqu'à la craie blanche représentée par la majolica : cependant il classe le calcaire rouge dans les terrains jurassiques (4). M. Curioni paraît trouver dans le grès rouge du lac de Como deux parties distinctes : l'inférieure représenterait pour lui la grauwacke, ou tout

---

(1) *Annales des sciences naturelles*, tome XVIII, p. 263.

(2) *Annales des sciences du royaume Lombard-Vénitien*, tome I, p. 590.

(3) *Annales des sciences du royaume Lombard-Vénitien*, tome II, p. 208.

(4) *Saggio di Zoologia fossile delle provincie Venete.* Je ferai remarquer dès à présent que la plupart des fossiles cités par M. Catullo dans ce qu'il appelle le *zechstein*, le *grès bigarré*, le *muschelkalk* et la *craie* des Alpes vénitiennes, se retrouvent en France et en Angleterre dans des couches de la formation jurassique.

au plus le vieux grès rouge des géologues anglais; les couches redressées de cette grauwacke seraient recouvertes par un second grès rouge que M. Curioni rapporte au *rothe todte liegende* (1). M. de Filippi rapporte le poudingue rouge au *grès rouge*, et le calcaire noir (en partie du moins) au *zechstein;* le calcaire rouge est jurassique pour M. de Filippi, et la majolica représente la craie blanche (2). Quelques détails sur le gisement des divers groupes jurassiques vont prouver que ces classifications, fondées uniquement sur les caractères minéralogiques des roches, sont entièrement opposées à la réalité des faits; je prendrai d'abord pour exemple la succession des couches que l'on voit sur le lac de Como, comme la localité où l'on peut mieux étudier l'ensemble de la formation jurassique (3).

Les terrains cristallins de la partie N. du lac s'étendent jusqu'à Bellano, où l'on trouve encore un gneiss identique avec celui d'Olgiasca, dirigé vers le N.-O. et plongeant au S.-O.; on peut facilement examiner la nature des roches dans les berges de la route ouverte, il y a quelques années, entre Bellano et Varenna, et alors on voit le gneiss perdre peu à peu son feldspath et passer au micaschiste : la première galerie traversée par la route à 1 kil. au S. de Bellano est creusée dans un grès quarzeux micacé, qui ne diffère du micaschiste que par le mode d'agrégation des éléments qui le composent; il m'a été impossible de jamais constater la ligne de séparation de ce grès d'avec le véritable micaschiste; la direction des couches est d'ailleurs la même que dans le gneiss. A quelques mètres du micaschiste, les grains du grès deviennent des galets, et la roche passe à un poudingue rouge;

---

(1) *Sur les combustibles fossiles du royaume Lombard-Vénitien*, dans les *Annales de statistique de Milan*, 1838.

(2) *Sur le terrain secondaire de la province de Como*, dans le tome XCI de la *Bibliothèque italienne*. Au reste ce ne sont pas seulement MM. Pasini, Catullo et de Filippi qui rapportent la *scaglia* ou *majolica* à la formation crétacée supérieure; c'est là, je puis dire, l'opinion générale des géologues italiens, et même celle de presque tous les géologues étrangers qui ont visité l'Italie septentrionale : j'en excepte MM. de Buch et É. de Beaumont; le premier a remarqué (*Annales des sciences naturelles*, tome XVIII, p. 265) que les Ammonites du calcaire rouge appartenant à la famille des Coronaires, ce calcaire ne peut point appartenir à la craie : *la majolica elle-même n'est donc pas de la craie;* le second a indiqué, comme appartenant au terrain jurassique, la majolica de Varese qui se trouve comprise dans le cadre de la carte géologique de la France.

(3) *Voyez* la pl. II, fig. 2.

uelques pas plus loin, on retrouve encore le micaschiste, et une épétition du même passage au poudingue, dont le ciment devient nsuite calcaire et prend insensiblement une couleur noirâtre; e sorte qu'à moins d'un kilomètre du gneiss, on se trouve sur n calcaire noir très compacte, dont on ne saurait indiquer ri- oureusement la limite inférieure (1). Le passage des roches cris- allines aux sédimentaires est compliqué d'un certain nombre de ailles qui ont pu faire croire à l'existence de deux grès différents, ont l'un serait supérieur à l'autre, et appartiendrait même à une ériode géologique plus récente.

Le grès rouge est à peine indiqué à Bellano, comme on voit; n dirait qu'il marque simplement le passage des roches jurassi- ues non modifiées à celles qui ont subi une métamorphose plus u moins avancée. Le grès rouge ne contient aucune trace de orps organisés; on n'en trouve pas non plus dans le calcaire noir u bord du lac jusqu'à Varenna; mais si l'on pénètre dans la etite vallée d'Esino, on trouve à quelques minutes au-dessus du ameau de Perledo une carrière dans laquelle on exploite, omme ardoises, des schistes noirâtres assez minces. Ces schistes orrespondent par leur position à la partie inférieure du calcaire oir : on rencontre là assez fréquemment des empreintes de pois- ons, et quelquefois des individus assez bien conservés pour qu'on uisse déterminer l'espèce à laquelle ils ont appartenu. M. le pro- esseur Balsamo y a indiqué une espèce nouvelle de *Lepidotus*, u'il a décrit sous le nom de *L. Trotti*, et un *Semionotus*, dont il 'a pu déterminer l'espèce, mais qui paraît voisin du *S. leptoce- halus*, Agass. C'est encore dans les carrières de Perledo que I. Louis Trotti a trouvé l'empreinte bien conservée d'un reptile ui paraît assez voisin du genre *Plesiosaurus* (2). Plus près d'E- ino, quelques couches subordonnées au calcaire noir ordinaire enferment en quantité considérable des coquilles univalves voi- ines des Mélanies.

Lorsque l'on suit la grande route de Varenna jusqu'à Lecco, n reconnaît que les montagnes de la rive orientale du lac sont ormées, à Fiume-Latte, à Olcio, à Mandello, par un calcaire oir identique avec celui de Varenna; la direction moyenne des ouches y est vers l'E. 10° S., mais le plongement varie d'un

(1) J'ai signalé déjà ce passage du gneiss au calcaire noir dans le *Bul- etin de la Société*, tome X, p. 244.

(2) La description de ce reptile et celle des deux poissons se trouve lans le *Politecnico* du mois de mai 1859.

point à l'autre de manière à prouver que ces couches sont fortement ondulées. Au S. de Mandello, c'est la dolomie qui forme le bord du lac jusqu'aux alluvions de Lecco, au S. desquelles on trouve bientôt des couches d'une époque plus récente : ce n'est donc point sur la partie du lac qui s'étend vers Lecco que l'on peut étudier la série supérieure des couches jurassiques; cette série est, au contraire, assez facile à suivre sur le lac de Como proprement dit. Au S. de Varenna, le promontoire si pittoresque de Bellagio, qui s'avance entre les lacs de Como et de Lecco, est composé d'une dolomie plus ou moins parfaite; la roche conserve sa stratification sur quelques points, et les couches ont la même direction que celle de Varenna; leur prolongement rencontrerait vers l'E. les calcaires de Fiume-Latte, de sorte que l'on doit regarder les couches au S. de la dolomie de Bellagio comme complétant la série jurassique dont on a suivi la partie inférieure entre Bellano et Fiume-Latte.

La partie méridionale du promontoire de Bellagio s'enfonce sous un lambeau tertiaire dont je m'occuperai plus tard; mais à Guggiate, un ravin escarpé qui pénètre assez loin dans la montagne est creusé dans un calcaire noir dont quelques couches sont identiques avec celles de Varenna, tandis que des marnes schisteuses noires subordonnées à ces calcaires sont pétries de fossiles plus ou moins conservés. Les plus communs sont une Pholadomie voisine de la *P. hortulana*, Ag.; deux Nucules (*N. claviformis*, Sow., et *N. Hammeri*, Defr.); deux Modioles (*M. hillana*, Sow., et une espèce voisine de la *M. plicata*, Sow.); une Cardite, deux Lutraires, un Peigne voisin du *P. lens*, Sow.; trois Plagiostomes, un Cérite, etc. J'y ai trouvé aussi une Posidonie et une Trigonie; mais la plupart de ces fossiles sont réduits à leur moule intérieur, ce qui en rend la détermination assez difficile.

Les couches de Guggiate sont dirigées vers l'E. 15° N., et elles plongent au N. 15° O. (1). On retrouve leur prolongement au bord même du lac, au S. de San Giovanni, et elles forment, à partir de là jusqu'à Lezzeno, des escarpements qui ont près de 3 kilo-

(1) La différence de direction entre les couches de Guggiate et celles de Varenna tient à ce que le soulèvement des Alpes orientales a eu plus d'influence sur la partie méridionale du lac de Como que sur la partie septentrionale qui avait été fortement accidentée lors du soulèvement des Apennins. Peut-être est-ce au croisement des deux systèmes de soulèvement qu'il faut attribuer l'état si disloqué des couches de cette contrée.

mètres de long (Grosgallia). A Lezzeno, des calcaires noirs identiques avec ceux de Varenna sont dirigés comme ceux de Guggiate; mais ils plongent au S. 15° E.; si, depuis Lezzeno, on se rend à la Villa Pliniana par le sentier qui suit les bords du lac, à une cinquantaine de mètres au-dessus de son niveau, on marche constamment sur le même calcaire, qui présente diverses ondulations sans changer sensiblement sa direction. A la Pliniana, le bord du lac tourne presque à angle droit pour se porter à l'E. vers le promontoire de Torno; la direction des couches n'est pas très éloignée de celle du sentier, de sorte que l'on marche presque sur la même couche pendant une demi-heure environ. A Torno, le sentier coupe de nouveau le système des couches calcaires qui sont encore identiques avec le *marbre noir de Varenna*. Peu après on trouve les calcaires gris avec silex; mais cette partie du lac est tellement couverte d'habitations et de jardins, que je n'ai pu voir le point de contact des deux groupes calcaires. Le calcaire gris se continue jusqu'à Como; il est dirigé constamment vers l'E. 20° N., avec des plongements assez variés; dans le faubourg de Como, où le calcaire gris se cache sous des terrains de transport, le plongement est vers le S. 20° E.

La série des couches jurassiques se voit d'une manière plus complète, lorsqu'au lieu de suivre le lac, de la Pliniana à Torno, on continue à marcher dans la direction N.-S., à travers le contre-fort dont le point le plus élevé porte le nom de *Pizzo di Torno* : la crête de ce contre-fort est composée encore du même calcaire noir que l'on a suivi depuis Bellagio, ainsi qu'on peut le reconnaître dans les ravins qui sillonnent les parties septentrionales du Pizzo. Depuis Molina, un chemin de montagne parfaitement entretenu, pavé en calcaire noir, monte au S.-E., vers la cime appelée *Monte Gag*, et là, après avoir traversé un col à 1,000 mètres environ au-dessus du lac, on descend au S. par les pâturages appartenant aux communes d'Erba et de Villa Albese, jusqu'au pied de ce dernier contre-fort des Alpes. Le col même est formé par un calcaire noir, donnant l'odeur bitumineuse par le choc du marteau, et présentant quelques veines spathiques : les couches dirigées à l'E. 10° N., plongent assez fortement vers le S., de sorte qu'en descendant les pentes fort douces de la montagne, on arrive successivement à des couches de plus en plus récentes : aussi, bientôt après avoir passé le col (la colma), le calcaire conservant la même allure, perd peu à peu sa couleur noire et son odeur bitumineuse, puis on commence à y reconnaître quelques lits de silex; enfin, après un quart d'heure de descente, on se trouve sur un calcaire gris de fumée avec silex, prolongement des couches que j'ai indiquées tout-à-l'heure entre Torno et Como : ce calcaire présente, sur une longueur de 100 mètres environ, une série de contournements fort compliqués, au-delà desquels on retrouve le plongement régulier vers le S. 10° E. Le calcaire gris est alors recouvert en stratification parfaitement concordante, par des marnes calcaires rouge de brique, contenant des lits de silex de même couleur; puis en approchant des chalets (*alpes* (1)) d'Erba, les marnes rouges sont recouvertes, en stratification concordante encore, par un calcaire compacte blanc à cassure conchoïde, contenant des lits de silex gris clair. A l'alpe d'Erba, les couches ont une pente de 7 à 8° vers le N. 10° O., de sorte que les ravins qui descendent de là vers la plaine coupent la série des couches dans l'ordre descendant; c'est même là le point où l'on voit dans un espace plus rapproché presque tout l'ensemble de la formation jurassique. Ainsi, de l'alpe d'Erba à celle de Villa Albese, on marche sur les tranches du calcaire majolica, qui présente une épaisseur totale de 60 mètres environ; les chalets de l'alpe de Villa Albese sont situés sur des couches calcaires marneuses rouges alternant avec des lits de silex jaspoïde, et l'on voit derrière la maison le contact du calcaire rouge avec la majolica. Si l'on descend d'une vingtaine de mètres dans le lit du torrent qui coule vers Erba, on trouve un escarpement formé par des marnes rouges sans silex, dont quelques lits sont presque totalement pétris d'Ammonites de diverses espèces; les marnes se désagrègent assez facilement, et les Ammonites restent alors au pied de l'escarpement, où l'on peut en recueillir de fort bien conservées. Parmi celles que j'en ai rapportées, M. Alcide d'Orbigny a reconnu les espèces suivantes : *A. heterophyllus*, Sow.; *elegans*, Sow.; *fibulatus*, Sow.; *Walcotii*, Sow.; *insignis*, Zieten; *radians*, Schlott; *Scipionianus*, d'Orb.; *thouarsensis*, d'Orb. C'est encore de cette localité que provient l'*Ammonites comensis*, trouvée par M. de Buch dans les ruisseaux qui descendent vers la plaine d'Erba, et figurée dans son *Recueil de Pétrifications remarquables*.

Les mêmes calcaires rouges forment la surface d'une terrasse peu inclinée qui s'étend au S. des chalets de Villa Albese : aussi presque toutes les pierres que l'on trouve dans les pâturages contiennent-elles des Ammonites plus ou moins conservées : on y voit

(1) « Le mot *alpe* a conservé en Italie, comme dans la Suisse allemande, » sa signification celtique et originaire : il signifie un pâturage de mon- » tagnes. » Saussure, *Voyages*, 2134.

quelquefois aussi des sections de coquilles cloisonnées droites, qui ont été prises longtemps pour des orthocères; mais on n'a jamais vu le *siphon central* de ces coquilles, et j'ai pu examiner dans la collection de M. Alc. d'Orbigny des Bélemnites dont l'alvéole présente des dimensions aussi considérables et des cloisons tout aussi régulières que celles des prétendues orthocères des alpes d'Erba (1).

L'escarpement formé, à l'alpe de Villa Albese, par le calcaire rouge à Ammonites se continue fort loin vers l'E., et on le retrouve au pied de la paroi presque verticale dans laquelle est ouverte la grotte connue sous le nom de *Buco del Piombo* (2). En descendant le ravin au S.-E. de cette grotte, on trouve bientôt le calcaire gris de fumée avec silex dirigé vers l'E.-N.-E., et plongeant au N.-N.-O. avec une inclinaison de 10°; si l'on suit le même ravin jusqu'au village de Crevenna, on y voit sous un pont le calcaire noir de la Pliniana et de Varenna en couches dirigées comme celles du calcaire gris, mais plongeant au S.-S.-E. de 15° environ; le calcaire noir est bientôt caché au S. sous les terrains de transport du Piano d'Erba. Les fossiles sont rares dans le calcaire gris de cette contrée : ce sont des huîtres bien peu distinctes et quelques traces de végétaux (fucoïdes?). Quant à la majolica, je ne crois pas qu'on y ait jamais trouvé de débris organiques en Lombardie : il n'en est pas de même dans les Alpes vénitiennes, où M. Catullo indique, dans la majolica, la *Terebratula diphya*, et une quantité considérable d'autres fossiles dont la plupart se retrouvent dans le calcaire rouge de la même contrée (3).

La rive occidentale du lac de Como présente à peu de chose près une répétition des faits que j'ai indiqués sur la rive opposée; le prolongement du calcaire noir de Varenna est représenté à

(1) M. de Dechen, dans sa traduction allemande du *Manuel géologique* de M. de La Bèche, a regardé les Orthocères indiquées par l'auteur anglais, à Lyme Regis, comme des alvéoles de Bélemnites; je crois que c'est également à des Bélemnites qu'il faut rapporter les Orthocères qui ont été indiquées, par M. de La Bèche, à la Spezia; par M. Savi, dans le lias de la Toscane, etc.; du moins n'ai-je jamais vu dans les échantillons provenant de ces diverses localités aucune indication d'un siphon central.

(2) *Voyez* la pl. II, fig. 3.

(3) On regarde généralement la *Terebratula diphya* comme propre à la *craie*, parce qu'elle a été trouvée en premier lieu dans les calcaires blancs avec silex de l'Italie supérieure; mais si l'on cherche dans les

Nobiallo par des masses gypseuses, et on y voit sur quelques points le gypse se ramifier en veines dans le calcaire noir non modifié; de Menaggio à Lenno le bord du lac est formé par un dépôt tertiaire, et les hauteurs sont presque constamment dolomitiques: cependant on trouve auprès de Bonzanigo des couches calcaires à la surface desquelles on distingue des sections de grandes coquilles bivalves (Isocardes?). A Balbiano on reconnaît, dans le lit de la Perlana, les schistes pétris de nucules et autres fossiles que j'ai indiqués à Guggiate; le calcaire noir se continue ensuite au S.-O. vers Spurano et Colonno; la direction est la même que sur la rive opposée; le plongement vers le S. 20° E. fait un angle fort considérable avec l'horizon, et le calcaire gris avec silex descend à la Camoggia jusqu'au bord de l'eau; mais les couches se relèvent bientôt en sens opposé, et à Argegno on retrouve le calcaire noir bitumineux qui se prolonge jusqu'à Moltrasio en couches légèrement ondulées, mais dont la direction est constamment vers l'E. 20° N. Les ardoisières de Moltrasio sont ouvertes sur le prolongement des couches d'Argegno, et ce que l'on nomme *ardoises* dans le pays, ce sont des dalles d'un calcaire un peu argileux, de 8 à 10 centimètres d'épaisseur, d'un bleu foncé presque noir; la surface de ces ardoises présente souvent des empreintes d'Ammonites peu déterminables, et j'en ai vu qui avaient plus de 50 centimètres de diamètre (1). J'ai trouvé, en outre, à Moltrasio des empreintes végétales peu distinctes qui paraissent appartenir à des fougères. Au S. de Moltrasio, le calcaire noir est caché sous les alluvions de la Breggia, au-delà desquelles on trouve le calcaire gris avec silex, qui est bientôt recouvert en stratification discordante par des poudingues de la période crétacée (2).

D'après ce que l'on a vu jusqu'ici, c'est principalement le calcaire noir que l'on peut étudier en détail au bord même du lac

---

cartes géologiques les diverses localités où l'on a cité cette coquille remarquable, on verra qu'elle appartient réellement à la formation jurassique. (*Voyez* la *Classification des Térébratules* de M. de Buch dans les *Mémoires de la Société géologique*, tome III, p. 197.) M. Catullo a décrit, comme appartenant à trois espèces différentes, les *T. diphya*, Colonna; *T. deltoidea*, Lam.; et *T. antinomia*, Catullo, que M. de Buch réunit en une seule, sous le nom qui lui a été donné par Colonna. Voyez *Nuovi Saggi dell'Academia di Padova*, vol. V.

(1) On sait que M. de La Bèche a rapporté les grandes Ammonites de Moltrasio à l'*A. Bucklandi*, qu'il regarde comme caractéristique du lias de l'Angleterre. (*Coupes et vues géologiques*, *p.* 61 *de la traduction française.*)

(2) *Voyez* la pl. II, fig. 4.

e Como ; les autres groupes de la formation jurassique sont beau-oup mieux développés dans les vallées latérales qui viennent oindre le lac au S. des terrains métamorphiques. Ainsi, quand on a de Bellano à Lecco par la route de montagne qui suit toute a longueur de la Val Sasina, on monte d'abord pendant une ,eure sur des gneiss et des micaschistes; après Vendrogno ces oches sont recouvertes par un poudingue rouge identique avec elui des bords du lac, puis on trouve des schistes argileux, gri-âtres, un peu micacés, qui depuis quelque temps sont exploités Margno comme ardoises; enfin l'église de Taceno est sur un alcaire noir, prolongement évident de celui de Varenna. De 'aceno à Cortabbio les montagnes au N. de la vallée appartien-ent encore au poudingue rouge; à Pessina, la vallée entame le rolongement des schistes argileux grisâtres, et l'éboulement qui détruit, en 1769, le village de Barcone, est composé presque en otalité de fragments d'un schiste feldspathique qui paraît dû à ıne modification de la roche de Margno. A Introbbio, la vallée ourne brusquement vers le S., et on trouve au-dessus des schistes es poudingues rouges dirigés vers l'E.-S.-E., plongeant forte-nent vers le S.-S.-O. : les poudingues rouges ont là de 3 à 400 nètres d'épaisseur; ils sont recouverts immédiatement par les alcaires dolomitiques dans lesquels est ouvert le défilé de Ponte-Chiuso, et qui se continuent ensuite jusqu'à Lecco, présentant les deux côtés de la vallée des cimes déchiquetées d'une hardiesse emarquable (les deux *Grigne*, le *Resegone* de Lecco, etc.). M. Studer a d'ailleurs suivi les grès rouges vers l'E. jusqu'au lac l'Iseo; il pense que l'agrégat de San Martino, au pied du Mont-Salvatore, près de Lugano, fait partie des mêmes grès. « Néan-» moins il ne faut pas oublier, ajoute-t-il, que près de Lugano » ces roches reposent sur du micaschiste, tandis que sur le chemin » de San Marco (au col qui passe de la Val Brembana à la Val-» teline) ce dernier a l'air de recouvrir l'agglomérat (1). » Il y a peut-être là quelque chose d'analogue, moins la grandeur de 'échelle, à l'alternance des roches arénacées et cristallines que 'ai indiquée à la Malpensata et aux galeries de Varenna.

Le calcaire gris de fumée avec silex étant supérieur au calcaire noir qui forme habituellement les bords du lac de Como, on doit s'attendre à le trouver sur la plus grande partie des cimes envi-ronnantes; il n'est pas rare, en effet, de voir au bord du lac des fragments de calcaire gris éboulés des hauteurs; c'est ainsi que

(1) *Bulletin de la Société géologique*, tome IV, p. 59.

l'on peut juger, par exemple, que le calcaire gris de fumée se trouve à l'E. de Bonzanigo supérieurement aux couches à isocardes. Si on s'élève à une certaine hauteur dans les vallées latérales, on est toujours sûr de trouver en place le calcaire gris, lors du moins qu'il n'a pas été converti en dolomie. Ainsi, en remontant le Val d'Intelvi, on trouve à San Fedele les calcaires à silex de la Camoggia supérieurement au calcaire noir bitumineux d'Argegno. La crête du Monte San Primo paraît appartenir aussi au calcaire gris, seulement la roche est presque toujours à l'état de dolomie; les parties siliceuses ont elles-mêmes subi une certaine altération qui les a converties en une sorte de tripoli grossier auquel les habitants donnent le nom de pierre morte (*Sasso morto*). A l'E. du point culminant, la crête du San Primo se termine par des escarpements à pic qui dominent le village de Barni, et au pied de ces escarpements on retrouve les calcaires noirs avec les pholadomies et les autres fossiles que j'ai indiqués à Guggiate.

On a vu que les couches du calcaire noir sont fort ondulées; je dois ajouter que l'ensemble de la formation jurassique paraît s'abaisser vers le S., de sorte que les couches plus récentes de cette formation se trouvent à des niveaux de plus en plus bas à mesure qu'on s'éloigne de l'axe des Alpes; c'est par suite de cette disposition que le calcaire gris de fumée descend jusqu'au bord du lac, entre Tornò et Como; ce même calcaire s'étend fort loin vers l'E., et forme en très grande partie les dernières pentes des montagnes qui dominent Tavernerio, Cassano, Albese, Erba; il recouvre le calcaire noir entre Crevenna et Ponte: à l'E. de la vallée du Lambro le calcaire gris forme encore le pied des montagnes jusqu'à Civate; il traverse ensuite la dépression par laquelle les eaux du lac d'Annone se jettent dans celui de Lecco, et constitue presque en totalité les cimes escarpées du Monte Baro. La description de la Val Trompia par Brocchi et celle des roches du Vicentin par Maraschini, prouvent, en outre, que le calcaire gris avec silex s'étend à de très grandes distances sur le revers méridional des Alpes.

Les roches jurassiques supérieures sont, en général, moins solides que le calcaire gris avec silex: aussi les trouve-t-on plutôt en lambeaux détachés qu'en masses d'une grande étendue. Le calcaire marneux rouge forme cependant quelques unes des cimes les plus élevées entre Como et Lecco (Corni di Canzo); on le trouve, en outre, assez constamment à mi-hauteur des montagnes, entre Erba et Tavernerio; dans ces diverses localités il est facile de vérifier que le calcaire rouge est parfaitement concordant avec le gris; d'un autre côté, la liaison intime du calcaire rouge avec la majolica se voit d'une manière frappante sur la route qui conduit de Solzago à Ponzate. En sortant de Casina, cette route traverse un ravin à la droite duquel la tête du pont s'appuie sur des calcaires marneux rouge de brique, alternant avec des lits de silex jaspoïdes; quelques taches blanches allongées interrompent l'uniformité de la nuance; ces taches deviennent plus fréquentes, et à dix pas du pont, les berges de la route sont taillées dans un calcaire compacte blanc à cassure conchoïde, dans la véritable majolica enfin, qui recouvre le calcaire rouge en stratification concordante; les premiers lits de silex intercalés dans la majolica conservent encore la couleur rouge des silex du calcaire marneux inférieur, de sorte que le passage du calcaire rouge au calcaire blanc se fait ici par une alternance de couches des deux couleurs. Sur un autre point plus voisin de Ponzate, le passage d'un groupe à l'autre paraît se faire par une simple gradation de nuances.

On peut étudier encore l'ensemble des étages jurassiques supérieurs dans le lit de la Cosia, au S. de Solzago; on voit, à la droite du torrent, le calcaire gris devenir plus marneux à sa partie supérieure, et passer par des marnes rougeâtres au calcaire rouge, qui passe à son tour à la majolica; celle-ci est recouverte au S. de la Cosia par le terrain de transport diluvien.

Le calcaire rouge et la majolica recouvrent le calcaire gris de fumée sur les bords du lac d'Annone; ils se prolongent vers l'E. à la partie méridionale du Monte Baro : on les retrouve dans les Alpes du Vicentin et du Frioul, où ils présentent, d'après les descriptions de M. Pasini, les mêmes caractères minéralogiques et paléontologiques que dans les Alpes d'Erba.

Les divers groupes de la formation jurassique sont encore assez faciles à reconnaître vers l'O., dans les montagnes de Varese, malgré la proximité des masses de mélaphyre, dont l'apparition a plus ou moins modifié les caractères sédimentaires des roches. Ainsi les dernières pentes du Monte Beuscer sont formées, à Gavirate, par le calcaire blanc, et les rochers dolomitiques sur lesquels est située la Madonna del Monte de Varese sont le prolongement des couches de Gavirate (1). A l'O. du sanctuaire, on voit au-dessous de ces dolomies des marnes rouges et bleuâtres dont la direction est E. 30° S., de sorte que le prolongement vers l'E. de ces marnes rencontrerait les calcaires rouges d'Induno qui contien-

(1) Voyez la pl. II, fig. 5.

nent les mêmes Ammonites que ceux des Alpes d'Erba. Le calcaire dolomitique du Campo dei Fiori, inférieur aux marnes rouges, se continue également vers l'E., et il paraît au jour à Arcisate, inférieurement au calcaire d'Induno; plus à l'E. encore, le calcaire noir bitumineux forme les cimes qui dominent le lac de Lugano, depuis Porto jusqu'à Brusin-Arsizio. A Besano le calcaire noir contient des couches schisteuses tellement riches en bitume, qu'il a été question de les exploiter pour l'éclairage de la ville de Milan. Les débris de ces schistes, voisins des travaux de recherche, m'ont présenté des empreintes végétales nombreuses, mais en très mauvais état de conservation; on m'a assuré qu'on avait trouvé récemment dans ces mêmes schistes l'empreinte bien conservée d'un reptile qui doit se trouver maintenant dans les musées de Vienne. Serait-ce un individu de la même espèce que le Plesiosaure trouvé à Perledo par M. Trotti?

Le calcaire noir de Besano est dirigé au N. 20° E.; il plonge vers l'E. 20° S.; il se trouve donc passer au-dessous des calcaires semi-cristallins, exploités comme marbre à Saltrio et à Arzo, dont quelques couches sont pétries de fragments d'Encrines (*Pentacrinites subangularis,* Miller) et qui contiennent, en outre, plusieurs espèces de Térébratules (*T. ornithocephala*, Sow.; *T. indentata*, Sow., et une espèce à grands plis voisine de la *T. tetraedra,* Sow.). Je pense que les calcaires de Saltrio et d'Arzo appartiennent au groupe du calcaire gris de fumée, qui contient aussi au Monte San Primo le *Pentacrinites subangularis.*

On exploite sur une très grande échelle à Viggiù, à 2 kilomètres au S. de Besano, un calcaire blanchâtre un peu oolitique, contenant une quantité considérable de lamelles spathiques qui paraissent dues à des fragments d'encrines. La texture de cette roche rappelle certaines couches jurassiques de la Bourgogne (calcaire à entroques de M. de Bonnard). Il m'a été impossible, vu l'état très disloqué du sol dans cette contrée, de bien constater les relations qui peuvent exister entre le calcaire de Viggiù et le calcaire bitumineux de Besano, sur lequel le premier paraît pourtant s'appuyer; je présume toutefois, d'après la présence des Encrines, que la roche exploitée à Viggiù appartient aussi au calcaire gris: elle ne diffère peut-être du marbre de Saltrio que par une texture moins cristalline. Au reste, la texture oolitique se retrouve aussi auprès d'Induno, dans quelques couches qui paraissent associées au calcaire gris de fumée.

Je crois, d'après ce qui précède, qu'il ne peut rester aucun doute sur la liaison intime qui existe entre les divers membres de la formation jurassique des Alpes lombardes. On ne saurait donc admettre les divisions que MM. Pasini, Catullo, Curioni et De Filippi voudraient établir dans un ensemble de couches qui passent l'une à l'autre par gradations insensibles. D'ailleurs les classifications de ces auteurs, fondées sur des caractères purement minéralogiques, ne peuvent plus être soutenues aujourd'hui que l'on commence à connaître les fossiles du revers méridional des Alpes italiennes; en effet, les *Ammonites Bucklandi*, *comensis*, *heterophyllus*, *elegans*, *fibulatus*, *Walcotii*, *insignis*, *radians*, *Scipionianus*, *thouarsensis*; les *Terebratula ornithocephala*, *indentata*; les *Nucula Hammeri*, *claviformis*; la *Modiola hillana*; le *Pentacrinites subangularis*, se trouvent en France, en Angleterre, en Allemagne, dans les couches de la période jurassique. J'ajouterai que de tous les fossiles qu'on a pu déterminer dans les terrains jurassiques de la Lombardie, il n'en est aucun qui ait été trouvé ailleurs dans d'autres formations. Les espèces nouvelles, les poissons de Perledo, par exemple, présentent, ainsi que l'a fait voir M. Balsamo, tous les caractères assignés par M. Agassiz aux poissons du groupe jurassique. Le saurien trouvé dans la même localité paraît fort voisin des animaux de même ordre trouvés ailleurs dans les couches du lias. L'existence, dans les terrains sédimentaires des Alpes lombardes, de ces espèces nouvelles, ne saurait donc point infirmer l'opinion que j'ai énoncée sur l'âge de ces terrains; elle me paraît seulement fournir de nouveaux matériaux à ajouter à la faune, déjà si riche, des temps jurassiques.

Terrains crétacés.

Les terrains crétacés se composent, sur le revers méridional des Alpes, de diverses assises qui se succèdent généralement, de bas en haut, dans l'ordre suivant : 1° un poudingue employé souvent comme pierre meulière, contenant quelquefois des Hippurites; 2° un grès plus ou moins argileux, avec des empreintes nombreuses de Fucoïdes; 3° un calcaire à Nummulites; 4° des marnes bigarrées de rouge et de bleu.

Le poudingue qui constitue la partie inférieure de la formation crétacée est composé le plus souvent de cailloux de silex grisâtre et de calcaire noirâtre ou gris : le granite, le gneiss, le porphyre, y sont généralement fort rares, c'est-à-dire que les éléments de ce poudingue paraissent appartenir surtout à des roches de la formation jurassique. Le diamètre des cailloux varie de 1 à 5 ou 6 centimètres; le ciment calcaire est généralement très dur et très compacte, ce qui rend ce poudingue éminemment propre à être employé comme pierre meulière. L'épaisseur moyenne des poudingues crétacés paraît être de 80 à 100 mètres.

Le grès immédiatement supérieur au poudingue se compose de grains quarzeux généralement très fins, et de paillettes de mica blanc argentin, cimentés par une marne plus ou moins argileuse; la solidité de la roche varie suivant la proportion du calcaire dans le ciment; l'épaisseur des couches n'est le plus souvent que de quelques décimètres, mais il en est de beaucoup plus puissantes. On trouve souvent, entre les couches arénacées, des lits marneux dont la substance paraît analogue au ciment du grès; ailleurs, l'abondance et l'orientation des paillettes de mica donnent lieu à des lits schisteux assez minces. La couleur du grès varie du gris bleuâtre au jaunâtre. On y trouve quelquefois des rognons globulaires de pyrites dont la décomposition facile donne lieu à divers sulfates.

L'épaisseur de ce grès est assez difficile à constater, car les collines de la Brianza, où il est le plus développé, sont couvertes d'habitations et de vignobles : on peut juger cependant, par la disposition des couches dans les carrières de Viganò et de Missaglia, que cette épaisseur dépasse 100 mètres.

Le calcaire à Nummulites est souvent compacte, quelquefois même sa cassure est conchoïde ; mais il renferme le plus souvent des fragments marneux d'une couleur foncée qui tranche avec la nuance grise ou jaune de la roche; quelques couches ont une structure bréchoïde, mais alors la pâte et les fragments sont de même nature. Les fossiles sont très fréquents dans ce calcaire, mais on ne les reconnaît guère dans les cassures fraîches que par le miroitement que présentent les parties spathiques : au contraire les Nummulites sont toujours bien distinctes sur les surfaces qui ont été longtemps exposées aux actions atmosphériques. L'épaisseur des couches du calcaire à Nummulites varie depuis 50 centimètres jusqu'à 2 et 3 mètres; leur puissance totale est de 80 mètres environ à Comabbio, où elles sont le mieux développées.

Les marnes qui forment en Lombardie la partie la plus élevée de la formation crétacée, consistent en une série de couches de quelques décimètres d'épaisseur, présentant des zones alternativement rouges et bleuâtres. Ces couches offrent quelquefois une division schisteuse, et alors les marnes se délitent avec la plus grande facilité; ailleurs elles sont plus compactes, plus solides, et passent à un calcaire marneux rouge, un peu micacé, dont les caractères minéralogiques se rapprochent de ceux du calcaire uge de la formation jurassique. Cette ressemblance entre des uches de deux formations différentes pourrait induire en erreur s personnes qui n'auraient pas le loisir de vérifier sur place les ractères géologiques et paléontologiques des divers calcaires uges. La puissance totale des marnes bigarrées paraît être de 50 60 mètres.

Les divisions que je viens d'indiquer dans l'ensemble de la foration crétacée sont encore moins tranchées que celles que j'ai tablies plus haut pour les terrains jurassiques : ainsi, l'on voit uelquefois des lits de poudingue intercalés dans les grès à Fuïdes (Viganò); ailleurs des lits calcaires pétris de parties spaiques séparent des assises de poudingue (Monte Orfano), ou ien ils recouvrent les marnes rouges supérieures (Morosolo); de rte que la division des terrains crétacés en quatre étages doit re regardée plutôt comme propre à faciliter l'étude de ces terains que comme représentant ce qui existe réellement dans la ature. En revanche, la séparation de la formation crétacée d'avec formation jurassique est un fait qu'il est assez facile de constar. L'observateur qui est placé sur les hauteurs jurassiques de runate ou sur celles de Villa Albese, voit s'étendre à ses pieds ne plaine allongée de l'E. à l'O., occupée en partie par une suite e lacs plus ou moins considérables (lacs d'Annone, de Pusiano, 'Alserio), et couverte ailleurs par des tourbes ou des terrains de ansport diluviens. La partie méridionale de cette plaine est borée par une série de petites collines à formes assez abruptes, aliées sensiblement entre elles, qui sont : le rocher qui supporte château Baradello, au S. de Como; puis la colline qui domine à E. le village de la Camerlata; plus à l'E. on trouve le Monte Orino; et enfin, au S. du lac d'Annone, la petite colline dans laquelle ont ouvertes les carrières de Sirone. Si l'on examine la compotion de ces diverses collines, on reconnaît bientôt qu'elle est resque identique : ainsi, à Sirone, on exploite comme pierre eulière un poudingue à cailloux quarzeux très abondants, et ont la pâte est composée de grains quarzeux et calcaires cimentés ar un suc calcaire ; la pâte contient souvent des Hippurites plus u moins conservées (*H. cornu-vaccinum*, Bronn.) et quelques utres fossiles, parmi lesquels on n'a pu déterminer jusqu'ici que *Tornatella gigantea*, Murch. (1). Les couches du poudingue de

---

(1) M. Boué cite (*Bull. de la Soc. géol.*, tome III, p. 89) le poudingue e Sirone comme l'équivalent des couches de Gosau ; mais il ajoute que *poudingue s'étend vers le Buco del Piombo.* C'est sans doute là une erreur

Sirone sont extrêmement puissantes, et je n'ai pu en vérifier la direction; mais j'ai reconnu que ces carrières sont situées presque exactement à l'E. de celles de Monte Orfano. Dans cette dernière localité, la roche exploitée est également un poudingue à ciment calcaire et à cailloux quarzeux et calcaires : seulement le ciment prédomine quelquefois de manière à former des lits calcaires qui marquent une séparation entre les couches du poudingue ; ces couches sont dirigées à très peu près de l'E. à l'O.; il suit de là que les carrières de Sirone sont sur le prolongement des couches de Monte Orfano; et comme les caractères de la roche sont identiques, on ne peut guère révoquer en doute l'ancienne continuité de ces couches séparées aujourd'hui par une vallée de 10 à 12 kilomètres de large, au centre de laquelle coule le Lambro.

Le monticule escarpé dont le sommet porte les ruines du château Baradello est composé encore d'un poudingue très solide, à cailloux quarzeux en grande partie; la direction des couches est ici vers l'E. quelques degrés S. Ces couches se prolongent assez loin vers l'O., et elles constituent la montagne dont la route de Como à Lugano suit la base septentrionale. M. de La Bèche a indiqué depuis longtemps que les poudingues reposent là en stratification discordante sur le calcaire gris de fumée avec silex (1)

La colline à l'E. de Camerlata est recouverte presque entièrement d'un terrain de transport diluvien; cependant on peut voir à sa partie occidentale, sur la route qui va à Erba, que la roche de la base de cette montagne est la même que celle qui constitue le Mont Baradello. Cette dernière circonstance achève de démontrer la liaison des poudingues de toutes les localités que je viens d'indiquer, et dès lors la discordance que l'on observe sur la route de Lugano prouve que les poudingues de Sirone, de Monte Orfano, etc., appartiennent à une autre période géologique que les calcaires de Moltrasio, de Villa Albese, du Buco del Piombo, etc.

Le poudingue du Castel Baradello et celui de Sirone passent à leur partie supérieure à un grès qui ne se distingue d'abord du poudingue que par le volume des éléments qui le composent : ainsi, dans les carrières à l'O. de Camerlata, on exploite à la fois

d'impression ou de copiste, car on ne voit rien dans les calcaires jurassiques du Buco del Piombo qui puisse faire supposer une liaison de ces calcaires avec les poudingues crétacés de Sirone. M. Boué ajoute d'ailleurs immédiatement après, que cette dernière roche est isolée des montagnes, de Scaglia grise, blanche et rouge d'Erba.

(1) *Voyez* la pl. II, fig. 4.

un poudingue très solide à petits grains, et au-dessus de ce poudingue un grès marneux très micacé, dans lequel j'ai vu quelques empreintes végétales non déterminables. A Sirone la masse du poudingue est recouverte par des assises arénacées qui sont exploitées à San Benedetto, où elles présentent tous les caractères que j'ai indiqués comme propres au grès à Fucoïdes. Ce grès est exploité, en outre, sur plusieurs autres points des collines de la Brianza; les carrières de Viganò sont celles où les travaux ont lieu sur une plus grande échelle, et où les Fucoïdes sont le plus abondants. Parmi les échantillons que j'en ai rapportés, M. Ad. Brongniart a reconnu les espèces suivantes : *Fucoides intricatus*, *F. Targionii*, *F. æqualis*, qui sont caractéristiques de la formation crétacée dans toute l'Italie, et que l'on retrouve dans la formation crétacée inférieure de la France méridionale. A Romanò les grès présentent les mêmes Fucoïdes et quelques traces de lignite; à Tregolo, des marnes grises, intercalées dans le grès à Fucoïdes, contiennent des empreintes bien distinctes de Catillus. On retrouve encore le même grès au N. de Cantù, et j'ai dit plus haut que le poudingue du Castel Baradello passe à sa partie supérieure à un grès que je regarde comme l'équivalent de celui de Viganò. A l'O. de Como on ne retrouve guère de couches correspondantes à ce grès que dans la vallée de l'Olona, où l'on exploite à Malnate une roche identique minéralogiquement à celle de Viganò, etc. Je crois que cette roche doit être rapportée encore à la formation crétacée; cependant je n'y ai point vu de fossiles, et je dois ajouter que M. de Buch a considéré le grès de Malnate comme appartenant à la période miocène (1).

Les relations du grès à Fucoïdes avec le calcaire à Nummulites se voient particulièrement dans la vallée de l'Adda, qui termine à l'E. les collines de la Brianza. Les poudingues inférieurs constituent à l'E. de Sirone le noyau de ces collines, et on les exploite à Nava, à Caraverio, à Gagliano, etc. Le prolongement de ces poudingues est masqué au bord de l'Adda par les détritus diluviens qui y forment des masses extrêmement puissantes; mais on reconnaît facilement auprès d'Arlate le grès à Fucoïdes de San Benedetto, que l'on peut d'ailleurs suivre entre ces deux localités dans les carrières de Santa Maria Hoé, de Rovagnate, etc. A Arlate le grès est en couches presque verticales dirigées vers l'E.-S.-E.; le ciment y devient quelquefois calcaire et tellement abondant que la roche se dissout presque totalement dans les acides. A Calco, des

(1) *Annales des sciences naturelles*, tome XVIII, p. 262.

grès calcaires supérieurs à ceux d'Arlate alternent avec des lits d'un calcaire marneux compacte, traversé par quelques veines spathiques. A Imbersago, au S. d'Arlate, on a exploité comme pierre à chaux le calcaire de Calco beaucoup mieux développé, et ce calcaire forme plus à l'E. des escarpements marqués, au bord même de la rivière. Dans cette dernière localité, les couches sont dirigées vers l'E.-S.-E., et le plongement est au S.-S.-O.; on y voit très distinctement des Nummulites de 2 à 3 centimètres de diamètre sur les parties de la roche qui ont été longtemps exposées à l'air. Si l'on descend vers le S., en suivant le chemin de halage (1), on trouve bientôt, entre les couches nummulitiques, des marnes rougeâtres, avec quelques paillettes de mica; ces marnes deviennent ensuite dominantes, et forment à elles seules, pendant quelques minutes, les bords de l'Adda. Les marnes rouges sont recouvertes au S. par des marnes calcaires grisâtres plus micacées. Ce système de couches marneuses présente le long de la rivière deux plissements bien marqués à la suite desquels on retrouve le calcaire à Nummulites qui est exploité comme pierre de construction près des moulins de Paderno : la direction est ici la même qu'à Imbersago, mais le plongement est vers le N.-N.-E. La partie exploitée n'a guère qu'une épaisseur totale de 15 à 20 mètres; au-dessous on voit les calcaires alterner avec un grès à empreintes végétales charbonnées, identique avec la roche de quelques unes des couches de Viganò; puis ce grès forme à lui seul au bord de l'Adda des escarpements de plus de 50 mètres de hauteur. Mais avant d'arriver au canal dit le *Naviglio di Paderno*, les couches crétacées sont cachées par les poudingues diluviens qui recouvrent au S. presque toute la plaine de la Lombardie.

On retrouve sur plusieurs points de la Brianza le calcaire à Nummulites associé avec les couches supérieures du grès à fucoïdes; mais c'est surtout en approchant du Tessin que ce calcaire présente un plus grand développement. En effet, le lac de Comabbio est dominé vers le N.-O. par une colline de 80 à 100 mètres de haut, entièrement composée d'un calcaire identique avec celui de Paderno; les couches y ont de 2 à 3 mètres de puissance : elles sont dirigées vers le N. 30° O., et plongent vers l'O. 30° S. Les Nummulites sont très distinctes à la surface de la roche; on y trouve aussi de grandes huîtres qui paraissent identiques avec celles du calcaire nummulitique des Apennins et de Gassino (2).

---

(1) *Voyez* la pl. II, fig. 6.

(2) *Mémoires de la Société géologique*, tome II, p. 205.

A la partie supérieure de la colline les couches calcaires sont moins puissantes; elles contiennent moins de fossiles, et elles sont séparées par des assises minces de marnes micacées contenant quelques empreintes de Fucoïdes.

Les marnes crétacées supérieures que j'ai indiquées entre Imbersago et Paderno forment toute la colline qui domine à l'E. le village de Robbiate; mais elles sont presque toujours cachées, en allant vers l'O., sous les terrains de transport diluviens. On les retrouve cependant bien développées sur les bords du lac de Varese, où elles forment quelquefois des escarpements considérables. Ainsi, on voit sur le bord d'un torrent qui descend de Morosolo, et presque au niveau du lac, un escarpement de 40 à 50 mètres entièrement composé de marnes schisteuses qui se désagrègent avec la plus grande facilité : vers le pied de l'escarpement les marnes sont plus bleuâtres, tandis que la couleur rouge domine vers la partie supérieure. Quelques lits minces blanchâtres, plus solides, sont intercalés à diverses hauteurs dans les marnes, et ces lits paraissent entièrement composés de fragments spathiques de corps organisés. Les marnes rouges et les bleues contiennent en très grande quantité des Fucoïdes identiques avec ceux de Viganò. En montant vers Morosolo, on trouve, supérieurement aux couches précédentes, des marnes blanchâtres, schisteuses, contenant encore les mêmes Fucoïdes; au-dessus on voit quelques lits d'un calcaire identique avec celui de Comabbio et de Paderno: cette circonstance, jointe à la présence des Fucoïdes, pourrait faire croire que les marnes bigarrées de Morosolo ne sont qu'une manière d'être particulière des grès à Fucoïdes : elle prouve en tout cas qu'il n'existe, dans la nature, aucune séparation tranchée entre les divers groupes de la formation crétacée.

J'ai dit plus haut que M. Pasini considérait le calcaire rouge ammonitifère et la majolica comme appartenant à la formation crétacée; il en résulte pour lui que les couches supérieures à la majolica doivent être tertiaires : aussi ce géologue comprend-il dans l'étage tertiaire moyen les calcaires à Nummulites des monts Euganéens, et par suite tous les calcaires à Nummulites du N. de l'Italie (1) (Comabbio, Gassino, etc.). Je crois que les faits que je viens de citer démontrent suffisamment que la classification de M. Pasini doit subir, quant aux terrains tertiaires, une correction analogue à celle qui transporte la majolica des terrains crétacés dans les jurassiques. J'ajouterai que, si l'on compare des échan-

(1) *Voyez* les *Actes des Congrès scientifiques italiens de* 1839 *et* 1840.

tillons du calcaire à Nummulites de la Lombardie avec des échantillons de Gassino (1) ou de Mosciano (2), près de Florence, on reconnaît une identité parfaite dans tous les caractères des roches de ces diverses localités.

Terrains tertiaires.

J'ai annoncé plus haut que je croyais pouvoir rapporter à la formation crétacée la molasse de la vallée de l'Olona, que M. de Buch paraît avoir regardée comme tertiaire : il ne resterait alors de terrains tertiaires marins dans la partie septentrionale de la Lombardie que les petits lambeaux de marnes bleues qui ont été signalés depuis longtemps dans les environs de Varese. Le plus connu de ces lambeaux est celui que l'on exploite au bord de l'Olona, à la Fola, à 2 kilomètres environ au N.-N.-E. de Varese (3) : il consiste en une argile marneuse bleue, contenant des coquilles bien conservées (*Arca antiquata*, *Pecten pleuronectes*, *Natica helicina*, et autres fossiles des marnes subapennines) et de gros fragments de végétaux à demi charbonnés. Les couches y sont parfaitement horizontales, et, d'après la configuration du sol, elles doivent se terminer bientôt contre les pentes de la montagne à l'E. de la vallée; si on supposait ces couches prolongées vers le S., elles passeraient certainement au-dessus des grès crétacés qui paraissent au jour au bord de l'Olona à 4 kilom. au-dessous de la Fola (4).

Les fossiles des marnes des environs de Varese ont fait rapporter ces marnes à la période pliocène; il est facile de concevoir, en effet, que la mer de cette période doit avoir laissé sur ses plages septentrionales des dépôts analogues à ceux que l'on observe le long du pied des Apennins, depuis Turin à Ancône. Il existe en outre, sur le bord du lac de Como, un dépôt d'origine lacustre que je crois appartenir à la même période. Vers le milieu du lac, et à sa rive occidentale, on exploite à la Majolica une argile

(1) *Mémoires de la Société géologique*, tome II, p. 196.

(2) *Bulletin de la Société géologique*, tome XIII, p. 265.

(3) *Voyez* la pl. II, fig. 7.

(4) M. de Filippi annonce, dans un Mémoire que j'ai déjà cité, que le grès de Malnate et des environs est supérieur aux marnes subapennines; je crois qu'il y a là une confusion entre *le grès de Malnate*, qui est certainement antérieur aux marnes de la Fola, et *les poudingues diluviens* qui bordent la vallée de l'Olona, et qui sont connus dans le pays sous le nom de Ceppo.

bleuâtre qui est employée dans une tuilerie voisine; cette argile, plus ou moins marneuse, est recouverte par une masse irrégulière de terrain de transport qui forme le pied des escarpements dolomitiques de Menaggio et de Balbianello (1); on ne connaît le dépôt de la Majolica que sur une très faible épaisseur; sa partie supérieure est à quelques mètres à peine au-dessus du niveau du lac, et les exploitations ne peuvent descendre au-dessous de ce niveau, car les travaux seraient bientôt inondés : cependant on reconnaît que les argiles y sont disposées en feuillets très minces parfaitement horizontaux, qui, par cela même, sont entièrement distincts de la masse diluvienne qui les recouvre. A Villa, près de Lenno, à 4 kilomètres au S.-O. de la Majolica, les mêmes argiles s'appuient en couches fortement inclinées sur les dolomies de Balbianello, qu'elles recouvrent en stratification discordante; les argiles de Villa sont recouvertes par un sable grisâtre faiblement agglutiné; au-dessus, des couches marneuses, bleuâtres, alternent avec des sables à peine cimentés par la matière même des couches marneuses; l'épaisseur totale du dépôt est d'une quinzaine de mètres; la surface du sol est formée, comme à la Majolica, par le terrain de transport diluvien.

Sur la rive opposée du lac de Como, il existait jadis une tuilerie dont l'emplacement est compris aujourd'hui dans le parc de la Villa Melzi, près de Bellagio : on reconnaît encore, dans quelques parties un peu ravinées de ce parc, les mêmes marnes argileuses qui sont exploitées à la Majolica et à Villa : la configuration du sol paraît indiquer que ces marnes occupent, sous le *diluvium*, tout l'espace compris entre les lacs de Como et de Lecco, le promontoire dolomitique de Bellagio et les dernières pentes du Monte San Primo.

Les restes organiques sont extrêmement rares dans le dépôt marneux que je viens de décrire : M. de La Bèche annonçait n'y en avoir jamais trouvé; je n'y ai vu moi-même que quelques empreintes mal conservées de feuilles dicotylédones : cependant, comme ces marnes ont eu une origine entièrement distincte de celle du diluvium alpin qui les recouvre, et comme le bassin dans lequel elles ont été déposées était déterminé en grande partie par les montagnes qui entourent le lac actuel, on est en droit de conclure que le dépôt des marnes de la Majolica, de Villa, etc., a eu lieu durant la période de tranquillité qui a précédé immé-

(1) *Voyez* la pl. II, fig. 8.

diatement le transport du diluvium alpin, c'est-à-dire, durant la période pliocène.

Remarques générales et conclusions.

Après avoir décrit successivement les divers terrains sédimentaires qui forment la pente méridionale des Alpes lombardes, il me reste à indiquer les dislocations successives qui ont influé sur le relief actuel de ces terrains.

Si on résume l'ensemble des directions des couches de cette contrée, on trouve que ces directions peuvent être partagées en deux groupes : l'un de ces groupes a pour direction moyenne l'E.-S.-E.; c'est la direction générale des poudingues et des calcaires noirs de la Val Sasina, des calcaires plus ou moins dolomitiques de Menaggio; c'est encore la direction moyenne des couches crétacées entre le lac Majeur et l'Adda. D'un autre côté, la partie des terrains jurassiques située à l'O. du lac de Como présente presque constamment une direction moyenne allant vers l'E. 16° N. On pourrait en conclure qu'il y avait eu là un premier ridement parallèle à la chaîne principale des Apennins (1), et que lors du soulèvement des Alpes orientales, des fractures parallèles à cette dernière chaîne vinrent croiser les accidents du sol qui avaient été produits après le dépôt des couches crétacées. Quant à la direction des Alpes occidentales (N. 26° E.), M. Elie de Beaumont a annoncé depuis longtemps qu'elle est surtout indiquée dans le N. de l'Italie par la forme générale des lacs Majeur et de Como (2). Nous avons vu que cette direction est indiquée près de Varese, dans les calcaires noirs de Besano ; elle devient dominante, plus à l'O., dans les couches des Alpes du Piémont.

Voici maintenant quelques considérations générales qui me paraissent résulter des faits indiqués dans ces notes.

Terrains tertiaires. — Les marnes bleues de la Fola appartiennent bien certainement à la formation subapennine; elles indiquent un point des rivages septentrionaux de l'ancienne mer plio-

---

(1) M. Élie de Beaumont a fait remarquer dans ses *Recherches sur les révolutions du globe* (*Annales des sciences naturelles*, tome XVIII, p. 300), que la direction du système pyrénéo-apennin se retrouve dans la falaise qui termine les Alpes, depuis les environs de Varese et de Como jusqu'à ceux de Brescia, et aux bords du Mincio.

(2) *Annales des sciences naturelles*, tome XVIII, p. 401.

cène, rivages dont MM. de la Marmora (1) et Sismonda (2) ont depuis longtemps indiqué des traces à Masserano, Crevacore, Maggiora, Castellamonte, etc. L'existence d'un dépôt tertiaire sur les bords du lac de Como prouve que ce lac avait sa configuration générale actuelle avant les dernières dislocations du sol, dislocations qui ont redressé les marnes lacustres à Villa.

Terrains crétacés. — La formation crétacée se présente en Lombardie sous une forme particulière; les couches à Hippurites et celles à Fucoïdes, qui, dans le midi de la France, appartiennent plus particulièrement à la formation crétacée inférieure, sont intimement liées dans la Brianza avec les calcaires à Nummulites, qui, dans les Alpes maritimes, font partie de la formation crétacée supérieure. On pourrait en conclure que l'ensemble des dislocations auxquelles M. E. de Beaumont a donné le nom de système du Mont-Viso ne s'est pas étendu jusqu'au méridien de Milan, et que la sédimentation régulière s'est continuée ici sans aucune interruption, depuis l'existence des Hippurites jusqu'à celle des Nummulites. Cette contemporanéité des Hippurites et des Nummulites avait été signalée en Sicile par M. Constant Prevost, dès 1832 (3).

Il est encore un fait qui me paraît devoir être rappelé ici : c'est que le calcaire à Nummulites des Alpes méridionales a été compris dans les dislocations du *système des Apennins;* cela seul prouverait que ce calcaire appartient bien à la période crétacée, ainsi que je l'ai annoncé en 1836 pour le calcaire à Nummulites de Gassino.

Terrains jurassiques. — Les fossiles du calcaire rouge de brique paraissent devoir faire considérer ce calcaire comme l'équivalent de l'étage oolitique inférieur, peut-être même de la partie supérieure du lias. La majolica représenterait donc à elle seule en Italie toute la partie de la formation jurassique supérieure à la grande oolite. Le calcaire rouge ammonitifère est une des couches les plus faciles à reconnaître dans les Alpes italiennes; on le retrouve également sur plusieurs points des Apennins de la Toscane (Pania di Corfino, Montieri, Caldana) et des Etats romains (Assisi, Spoleto, Terni); de sorte que ce calcaire paraît marquer dans toute l'Italie un horizon géologique dont il était important de fixer l'âge. On a attaché pendant longtemps une trop grande importance aux caractères minéralogiques de la majolica. En effet,

---

(1) *Bulletin de la Société géologique*, tome II. p. 391.
(2) *Mémoires de l'Académie des sciences de Turin*, 1838.
(3) *Bulletin de la Société géologique*, tome II, p. 406.

la grande blancheur de cette roche et la présence des lits de silex se trouvent également dans le calcaire carbonifère de la Russie, dans la craie de Meudon, dans le calcaire d'eau douce miocène du Cantal, etc. En adoptant le calcaire rouge ammonitifère comme point de départ dans la classification des terrains de l'Italie, on aura l'avantage de s'appuyer sur des caractères géologiques d'une valeur incontestable.

Paris. — Imprimerie de Bourgogne et Martinet, rue Jacob, 30.

Disposition générale du terrain ju

Fig.

Nord Bellano Failles? Varenna Fiume Latte Chateau Bellagio S. Giovanni Lezzeno
Gneiss et Micaschiste J¹ J² J² Marnes jaunes J²

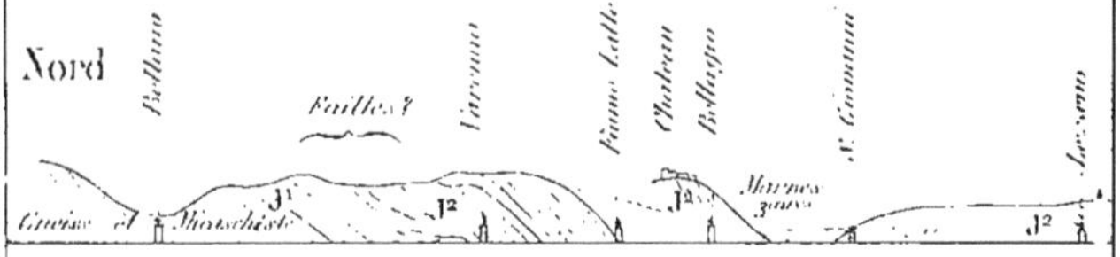

Calcaire enclavé dans le gneiss à la Malpensata

Fig. 1.

1. Calcaire saccharoïde
2. Gneiss très schisteux
3. Calc. micacé à gros grains
4. Grès feldspathique avec crist.^x
5. Calcaire micacé

Gneiss Gneiss

Nord Monte Gaj J²

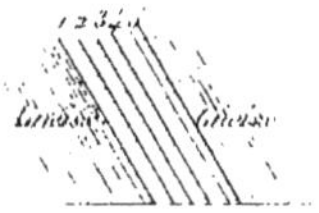

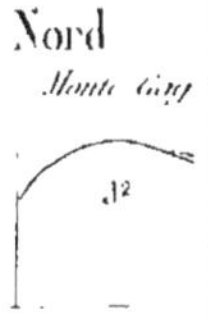

Superposition des poudingues crétacés au calcaire jurassique près de Como.

Nord Fig. 4. Sud

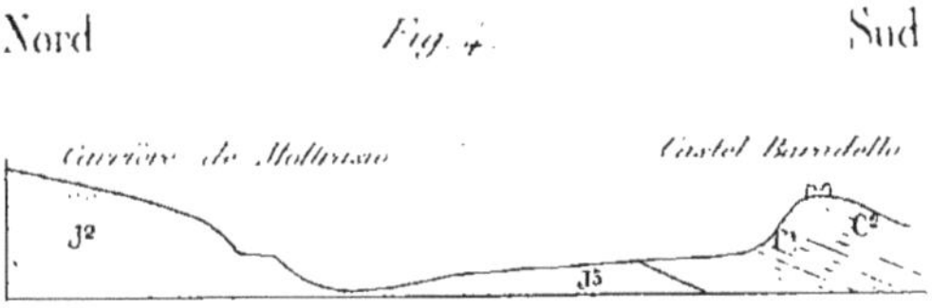

Carrière de Moltrasio Castel Baradello
J² J³ C¹ C²

Terrain cretacé sur le bord de l'Adda au nord de Paderno.

Nord Fig. 6 Sud

Poudingue schisteux de Sirone Grès et Poudingues de Sirone C³ C⁴ Paderno C³ C² Diluvium

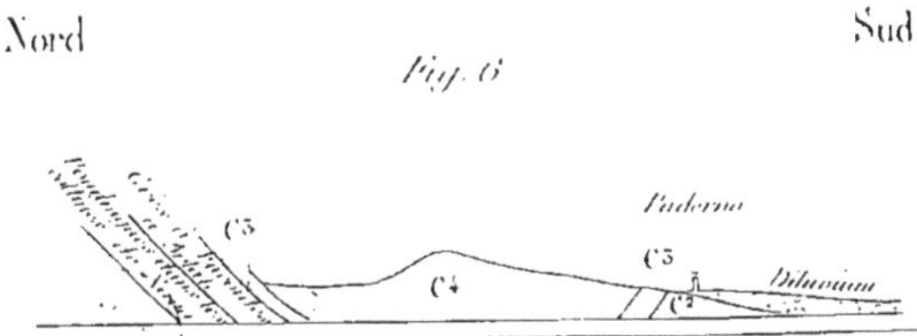

Explication des signes

J² Calcaire compacte blanc (majolica)
J⁴ Calcaire marneux rouge de brique
J³ Calcaire gris de fumée avec silex
J² Calcaire noir bitumineux
J¹ Grès rouge passant au poudingue

Gravé par Ch. Avril, Rue des Noyers 33

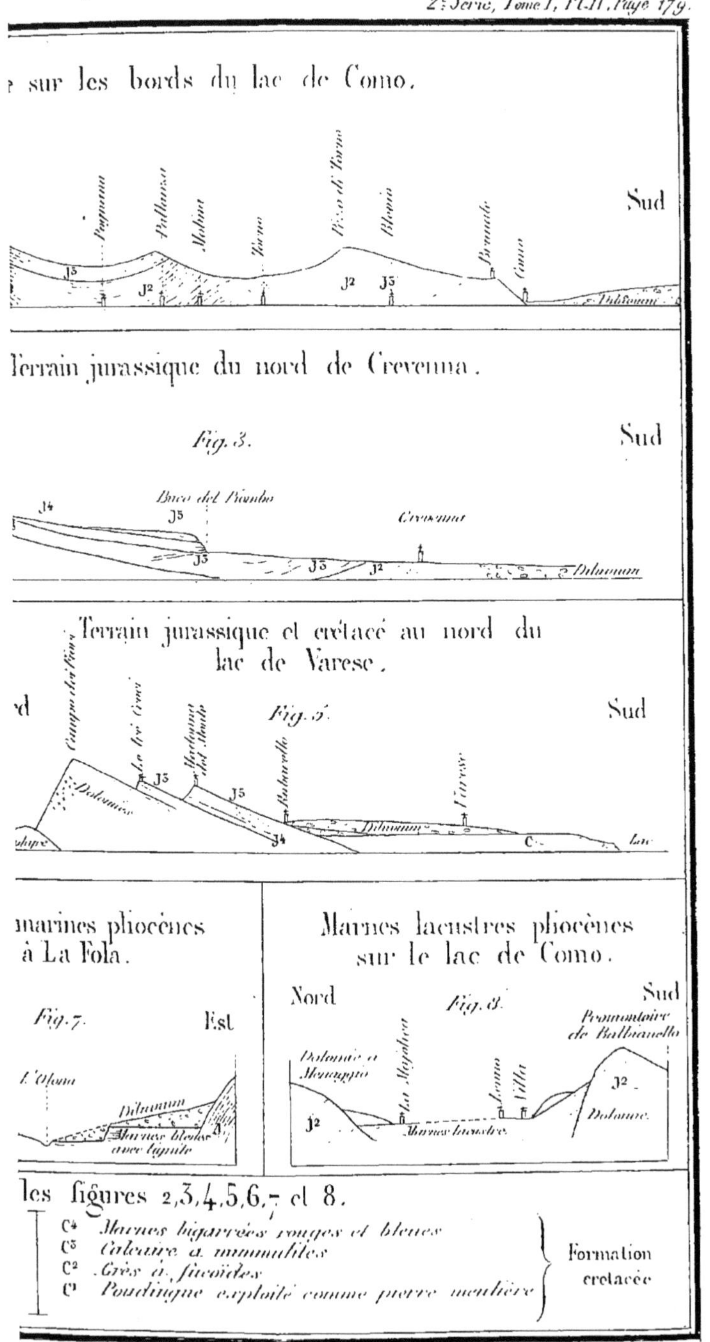

Lith. de Simon Rue Montmartre 6.

www.ingramcontent.com/pod-product-compliance
Ingram Content Group UK Ltd.
Pitfield, Milton Keynes, MK11 3LW, UK
UKHW012123240726
13965UKWH00005B/1926